U0616806

四川省工程建设地方标准

四川省住宅建筑光纤到户通信设施
工程技术规程

Technical specification for communication engineering for fiber
to the home in residential buildings in Sichuan Province

DBJ 51/004 – 2017

主编单位： 中国建筑西南设计研究院有限公司
四川通信科研规划设计有限责任公司
批准部门： 四 川 省 住 房 和 城 乡 建 设 厅
施行日期： 2 0 1 8 年 1 月 1 日

西南交通大学出版社

2017 成 都

图书在版编目（CIP）数据

四川省住宅建筑光纤到户通信设施工程技术规程 /
中国建筑西南设计研究院有限公司，四川通信科研规划设
计有限责任公司主编. —成都：西南交通大学出版社，
2017.9
（四川省工程建设地方标准）
ISBN 978-7-5643-5702-3

Ⅰ．①四… Ⅱ．①中… ②四… Ⅲ．①居住区 – 光纤
网 – 建筑安装 – 技术规范 – 四川 Ⅳ．①TN929.11-65

中国版本图书馆 CIP 数据核字（2017）第 212177 号

四川省工程建设地方标准

四川省住宅建筑光纤到户通信设施工程技术规程

主编单位　中国建筑西南设计研究院有限公司
　　　　　四川通信科研规划设计有限责任公司

责 任 编 辑	杨　勇
封 面 设 计	原谋书装
出 版 发 行	西南交通大学出版社 （四川省成都市二环路北一段 111 号 西南交通大学创新大厦 21 楼）
发 行 部 电 话	028-87600564　028-87600533
邮 政 编 码	610031
网　　　址	http://www.xnjdcbs.com
印　　　刷	成都蜀通印务有限责任公司
成 品 尺 寸	140 mm × 203 mm
印　　　张	2.125
字　　　数	51 千
版　　　次	2017 年 9 月第 1 版
印　　　次	2017 年 9 月第 1 次
书　　　号	ISBN 978-7-5643-5702-3
定　　　价	25.00 元

各地新华书店、建筑书店经销
图书如有印装质量问题　本社负责退换
版权所有　盗版必究　举报电话：028-87600562

关于发布工程建设地方标准
《四川省住宅建筑光纤到户通信设施工程技术规程》的通知

川建标发〔2017〕429号

各市州及扩权试点县住房城乡建设行政主管部门，各有关单位：

由中国建筑西南设计研究院有限公司和四川通信科研规划设计有限责任公司主编的《四川省住宅建筑光纤到户通信设施工程技术规程》，经我厅组织专家审查通过，并报住房和城乡建设部备案，现批准为四川省工程建设强制性地方标准，编号为：DBJ 51/004－2017，备案号为：J13804－2017，自2018年1月1日起在全省实施。其中，第1.0.3、第1.0.4、第3.0.1条为强制性条文，必须严格执行。原《四川省住宅建筑通信配套光纤入户工程技术规范》DBJ 51/004－2012于本规程实施之日起作废。

该标准由四川省住房和城乡建设厅负责管理和对强制性条文的解释，中国建筑西南设计研究院有限公司负责具体技术内容解释。

四川省住房和城乡建设厅
2017年6月22日

前　言

本规程是根据四川省住房和城乡建设厅《关于下达<四川省住宅建筑通信配套光纤入户工程技术规范>修订计划的通知》(川建标发〔2015〕744号)的要求,由中国建筑西南设计研究院有限公司、四川通信科研规划设计有限责任公司会同相关单位在原地方标准《四川省住宅建筑通信配套光纤入户工程技术规范》DBJ 51/004—2012的基础上修订而成的。

本规程在编制过程中,编制组进行广泛和深入的调查研究,认真总结实践经验,全面分析住宅建筑通信设施建设中关注的问题,经广泛征求意见后修改完善,修订完成本规程。

本规程共分6章及2个附录,主要技术内容有总则、术语、一般规定、光纤到户设计、光纤到户施工和光纤到户验收。

本规程与DBJ 51/004—2012相比,主要修订了以下内容:1. 规程适用范围扩展到乡镇;2. 增加共建共享要求及公用通信网与驻地网的相关条文和实施指导;3. 县级及以上城镇和乡镇住宅建筑设置不同数量入户光缆。

本规程中,第1.0.3条、第1.0.4条、第3.0.1条为强制性条文,必须严格执行。

本规程由四川省住房和城乡建设厅负责管理和对强制性条文的解释,由中国建筑西南设计研究院有限公司负责具体技术内容的解释。本规程在执行过程中,请各单位结合工程实践,总结经验,积累资料,并请将有关意见和建议反馈给中国建筑西南设计研究院有限公司或四川通信科研规划设计有限责任公司（地址：成都市天府大道北段 866 号，邮编：610042，邮箱：XE04@XNJZ.COM，联系电话：028-62551539），以供今后修订时参考。

主 编 单 位：　中国建筑西南设计研究院有限公司

　　　　　　　　四川通信科研规划设计有限责任公司

参 编 单 位：　四川省建筑设计研究院

　　　　　　　　成都市建筑设计研究院

　　　　　　　　四川省通信产业服务有限公司成都市分公司

　　　　　　　　成都市建设工程质量监督站

主要起草人：　熊泽祝　　彭　渝　　杜毅威　　李富有

　　　　　　　　伍金明　　胡　斌　　黄志强　　银瑞鸿

　　　　　　　　王爱军　　刘　勇

主要审查人：　唐　明　　黄　洲　　夏双兵　　徐兆峰

　　　　　　　　张启浩　　谢　力　　白永学

目　次

Contents

1 总 则

1.0.1 为规范新建住宅建筑光纤到户通信设施工程的设计、施工和验收，保证工程质量，制定本规程。

1.0.2 本规程适用于四川省新建住宅建筑光纤到户通信设施工程建设的设计、施工和验收。

1.0.3 新建住宅建筑通信配套设施采用光纤到户方式建设时，应与住宅建筑同步规划、同步建设。

1.0.4 住宅区和住宅建筑内光纤到户通信设施，必须满足多家通信业务经营者平等接入、用户可自由选择通信业务经营者的要求。

1.0.5 本规程中新建住宅建筑通信设施光纤到户工程包括住宅区、住宅建筑楼内与户内的通信管网系统和布线系统的建设。

1.0.6 新建住宅建筑通信设施光纤到户工程建设，除应符合本规程外，尚应符合国家现行有关标准的规定。

2 术　语

2.0.1　住宅建筑通信设施　communications facilities in residential buildings

指建筑规划用地红线内住宅区内地下通信管道、光缆交接箱、住宅建筑内管槽及通信线缆、配线设备，住户内家居配线箱、户内管线及各类通信业务信息插座，预留的设备间、电信间等设备安装空间。

2.0.2　光纤到户　fiber to the home

用户与公用通信网之间，全程以光纤作为传输介质的一种接入承载方式，简称为 FTTH。即以光纤为传输介质，为家庭终端用户提供接入到公用通信网的接入系统。

2.0.3　公用通信网　public network

通信网络按照用户类型可分为公用通信网与专用通信网。公用通信网是网络服务提供商建设，供公共用户使用的通信网络。

2.0.4　驻地网　customer premises network

位于用户驻地内，通过用户网络接口（UNI）与接入网相连的专用网络。是从用户驻地业务集中的地点到用户终端的传输及线路等相关的设施。

2.0.5　用户接入点　access point for subscriber

多家公用通信网提供方共同接入的部位，是公用通信网提供方与住宅建设方的工程界面。

2.0.6　光缆交接箱　cross connecting cabinet for communication

optical cable

用于连接主干光缆、配线光缆等的接口设备。

2.0.7　配线区　the wiring zone

在住宅区通信光缆网中，根据住宅建筑的规模、住户密度，以单体或若干个住宅建筑组成的配置光纤到户线缆的区域。

2.0.8　光缆分纤箱　optical fiber cable distribution box

用于室外、楼道内或室内连接用户光缆与入户光缆或者连接楼内垂直光缆与水平光缆的接口设备。光缆分纤箱内包含光缆终端和光纤熔接或机械接续保护单元。用户光缆与入户光缆、垂直光缆与水平光缆的光纤连接采取活动连接或固定连接。

能安装光分路器的光缆分纤箱称为分光分纤箱。

2.0.9　光分路器　optical fiber splitter

光分路器是将一路或两路光信号分成多路光信号的无源器件，是基于光功率分路的器件。

2.0.10　信息插座　telecommunications outlet

支持各类通信业务的线缆中的模块。

2.0.11　设备间　equipment room

住宅区内具备线缆引入、通信设备安装条件的房间。

2.0.12　电信间　telecommunications room

住宅建筑内安装配线设备进行公共接入及交接的专用空间。

2.0.13　家居配线箱　home wiring box

安装于住户内的配线箱体，具有电话、数据等网络综合接线功能的有源信息多媒体配线箱体，简称 H-BOX。

2.0.14　无源光网络　passive optical network

由光线路终端（OLT）、光分配网（ODN）、光网络单元或终端（ONU、ONT）组成的信号传输系统，简称 PON。

包括 EPON（Ethernet Passive Optical Network，基于以太网方式的无源光网络）和 GPON（Gigabit-capable Passive Optical Networks，吉比特无源光网络）。

2.0.15 入户光缆　indoors wiring optical cable

引入到家居配线箱的光缆。

2.0.16 皮线光缆　optical cable packed/covered with rubble wire

是入户光缆中常用的一种具有低烟无卤阻燃特性外护套并具有小弯曲半径的非金属光缆。常用于光缆分纤箱到用户室内的连线。

2.0.17 光纤现场连接器　field-mountable optical fiber connector

施工现场采用机械方式快速实现光纤接续的光纤接续器件。采用该器件进行的连接称为冷接方式。

3 一般规定

3.0.1 县级及以上城镇新建住宅建筑的通信配套设施应采用光纤到户方式建设。

3.0.2 在公用通信网已实现光纤传输的乡镇统一新建住宅建筑的通信设施应采用光纤到户方式建设。

3.0.3 其它新建住宅建筑的通信设施采用光纤到户接入方式时，应按本规程要求实施。

3.0.4 住宅建筑应遵照城市规划要求，按规范在住宅区预设地下通信管道，在楼内和户内预设配线管网，并在适当位置预留设备间或电信间。

3.0.5 采用光纤到户的住宅建筑应设置通信光缆及配线设备，其它住宅建筑应预留布放通信光缆及配线设备的通道及房间。

3.0.6 住宅建设方与公用通信网提供方的工程建设范围及分工界面应根据用户接入点设置的位置确定，宜按图3.0.6的要求进行分界。

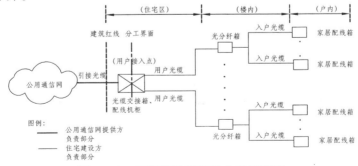

图 3.0.6 工程建设范围及分工示意图

3.0.7 公用通信网提供方应负责提供住宅建筑的外部引接光缆，从公用通信网敷设至用户接入点，并能满足通信技术要求。

3.0.8 用户接入点分工应符合下列要求：

　　1 用户接入点处光缆交接箱或配线机柜为住宅建设方与公用通信网提供方共用时，由住宅建设方负责箱体或机柜的建设。

　　2 用户接入点处光缆交接箱或配线机柜为住宅建设方与公用通信网提供方分别设置时，各自负责箱体或机柜的建设。

　　3 住宅建设方负责提供用户接入点的位置和空间。

　　4 高层、多层住宅建筑用户接入点应设于设备间或电信间，并配置光交接箱或配线机柜。

　　5 乡镇区域分散住宅建筑用户接入点可选择电信间或光交接箱。

3.0.9 住宅建设方应负责用户接入点至家居配线箱的光缆与箱体等线网的建设，并负责户内信息插座和用户线缆等的建设。

3.0.10 住宅建设方应负责住宅区内通信管道及住宅建筑内管道、桥架和暗管等配线管网建设。

4 光纤到户设计

4.1 光纤到户系统基本配置

4.1.1 光纤到户系统由公用通信网光链路段落和驻地网光链路段落组成，系统结构如图 4.1.1 所示。

图 4.1.1 光纤到户系统结构示意图

注：1 公用通信网光链路段落为公用通信网设施到用户接入点的光交接箱或配线机柜。

2 驻地网光链路段落为用户接入点的光交接箱或配线机柜到家居配线箱。

4.1.2 光纤到户传输指标设计应符合下列规定：

1 驻地网光链路段落的最大衰减值宜依据附录 A.1 进行计算。

2 光纤到户系统链路的最大衰减值与维护余量之和应小于附录 A.2 规定的插入损耗值。

4.1.3 用户光缆及住宅建筑各箱体的容量应满足远期各类通信业务的需求，并应预留不少于 10% 的维护余量。

4.2 住宅区通信设施设计

4.2.1 应按本规程第3.0.6条及与多家公用通信网接入就近方便的原则确定用户接入点。用户接入点宜设于电信间、设备间或室外光缆交接箱处。

4.2.2 住宅区应设置设备间或电信间；用户规模较小或分散建造的城镇住宅建筑和乡镇住宅建筑，宜设置室外光交接箱。

4.2.3 设备间和电信间的设计应符合下列规定：

    1 设备间和电信间宜设于住宅区的中心区域，宜设于住宅建筑的地下一层或层。

    2 设备间和电信间应设置挡水和通风措施；不应设置于厕所、浴室和易产生积水场所的正下方或贴邻,不应有其它管线穿越。

    3 设备间和电信间应能满足不少于 4 个公用通信网接入需要。其预留房屋的使用面积可按表4.2.3选用。

表 4.2.3　电信间、设备间预留房屋的使用面积

类型	分类		场地				备注
			电信间		设备间		
			面积（m²）	建议尺寸（m）	面积（m²）	建议尺寸（m）	
住宅建筑	300 户		10	4×2.5	—	—	
住宅区	组团	300 户	—		10	4×2.5	
		301～700 户	—		15	3×5	
	小区	701～2000 户	—		18	3×6	
		2001～3000 户	—		30	6×5	
		3001～4000 户	宜分设设备间				

注：300 户及以下根据建筑实际情况选择设置电信间或设备。

4 室内净高不宜小于 2.6 m。

5 设备间和电信间应设置 AC220V 电源配电箱，设置提供不少于 4 个 16 A 的单相电源回路，并宜分别设置计量装置。

6 设备间和电信间的电源系统应设三级防电涌保护。电信间与设备间内应设专用接地排端子，相关设备和设施非带电金属体应做等电位联结。保护性接地和功能性接地宜与住宅建筑接地系统共用一组接地装置，其接地电阻按其中最小值确定，且不应大于 4 Ω。

7 室内装修材料应采用不燃烧材料。

4.2.4 光缆交接箱的设计应符合现行行业标准《通信光缆交接箱》YD/T 988 的有关规定，并应符合下列要求：

1 光缆交接箱的总容量应能满足远期用户数量需求。

2 交接箱应设置在通信光缆的交汇处及靠近通信管网处，应便于光缆布放和维护。

3 室内光缆交接箱应安装于设备间或电信间内。

4 室外光缆交接箱应设置在安全稳固的地方，并采取措施防止水淹，箱体位置及色彩宜与周边环境相协调。

5 光缆交接箱内应有集中配置光分路器的位置。

4.2.5 配线区划分应符合下列规定：

1 宜根据住宅区建筑的范围、住户分布以及建筑总平面等条件，设立一个或多个配线区。

2 每个配线区用户数量一般不小于 64 户，但不宜大于 288 户。

4.2.6 住宅区通信管道的容量、敷设方式及敷设路由应根据地理条件、居民及住户数量、公用通信网提供方数量等因素，结合住宅区综合管道规划确定，应符合下列规定：

1 通信管道管孔数应按住宅规划的通信光缆终期容量设计，并预留备用管孔。

2 与公用通信管道相连接的管道孔数应不少于 4 孔，该段管道宜由两个路由方向引入。

3 应根据住宅区综合管网的规划确定住宅建筑楼栋引入通信管道的位置及方位。

4 管线宜选择沿绿化带、人行道或车道地面下敷设，宜与电力、煤气管安排在道路的不同侧。

5 光缆路由应符合安全、施工维护方便的原则，应结合住宅区管道、线槽或桥架走向等确定。

4.2.7 住宅区光缆设计除应符合现行标准《通信线路工程设计规范》YD 5102 的相关规定以外，还应符合下列规定：

1 住宅区建筑间宜采用 G.652D 光纤的通信室外型光缆。

2 光纤容量应能满足住宅区住户需求，并有适当余量。

4.3 住宅楼内通信设施设计

4.3.1 住宅楼内应根据建筑物特点和建筑配套需要设置垂直和水平的通道，以满足入户光缆敷设需要。

4.3.2 楼内竖向光缆敷设应符合下列规定：

1 宜在弱电管道井内设置桥架或线槽敷设，未设弱电管道井的建筑物应采用暗管敷设或室内公共区域明管敷设。

2 桥架或线槽宜采用金属材质，线槽的截面利用率不应超过 50%。

3 导管暗敷设宜采用钢管或阻燃硬质 PVC 管，管径根据需布放线缆数量确定，外径宜为 $\phi 50$ mm ~ $\phi 100$ mm。线缆截面积直线管不超过导管截面积 60%、弯管不超过 50%。

4.3.3 楼内水平光缆敷设应符合下列规定：

1 应采用预埋钢管、阻燃硬质 PVC 管或采用金属线槽明敷设。

2 预埋导管外径宜为 $\phi 15$ mm ~ $\phi 25$ mm 时，导管弯曲半径不得小于该管外径的 10 倍，导管弯曲内角度不得小于 90°。

4.3.4 住宅楼内光缆网包括各种接入光缆和配套设备，主要包括楼内用户光缆、入户光缆和光缆分纤箱。

4.3.5 接入光缆的选择应符合下列要求：

1 宜采用符合 G.652D 特性标准的单模光纤；当需要使用弯曲不敏感光纤时（如入户光缆），宜选用模场直径与 G.652D 光纤相匹配的 G.657 类单模光纤。

2 建筑物楼内宜采用非金属光缆。若采用金属构件的光缆，金属构件与箱体接地装置应可靠连接。

3 垂直布线宜采用干式结构+紧套光纤+非延燃外护层结构的光缆，水平布线宜采用干式结构+非延燃外护层结构的光缆。

4 用户光缆根据引入点位置宜采用管道引入敷设方式。引入光缆宜采用室内外用干式 + 防潮层 + 非延燃外护层结构的光缆。当采用架空引入时，宜采用室内外用自承式、干式+防潮层+非延燃外护层结构的光缆。

5 室内入户光缆宜采用干式+非延燃外护层结构的光缆，常采用皮线光缆。

4.3.6 住宅楼内设置的光缆分纤箱规格宜符合表 4.3.6 的规定。

表 4.3.6　光缆分纤箱规格

规格容量	外形尺寸（高×宽×深）（mm）	光纤分配芯数（芯）
24 芯	400（H）×350（W）×80（D）	24 芯及以下
48 芯	400（H）×350（W）×100（D）	24～48

4.3.7　光缆分纤箱进出光缆采用金属光缆时，光缆分纤箱和光缆应可靠接地。

4.3.8　县级及以上城镇住宅建筑每户应设置 2 根单芯入户光缆，乡镇统一新建的住宅建筑每户应设置不少于 1 根单芯入户光缆。

4.3.9　住宅楼内光缆与其它管线的最小净距应符合表 4.3.9 中要求。

表 4.3.9　楼内光缆与其它管线的最小净距表

管线种类	平行净距（mm）	垂直交叉净距（mm）
电力线	200	100
避雷引下线	1000	300
包含地线	50	20
给水管	150	20
压缩空气管	150	20
热力管（不包封）	500	500
热力管（包封）	300	300
燃气管	300	20

4.3.10　光缆在箱体中应预留长度并符合下列规定：

1　用户光缆在光缆交接箱每端预留长度为 3.0 m～5.0 m，在光缆分纤箱每端预留长度宜为 1.0 m～1.5 m。

2 入户光缆在光缆分纤箱的预留长度应不小于 1.0 m，在家居配线箱成端后预留长度应不小于 0.5 m。

4.4 户内通信设施设计

4.4.1 每户住宅应设置家居配线箱，箱体宜设置在户内布线管网的汇聚处。

4.4.2 家居配线箱的占用空间，应根据箱内安装的设备类型、数量、容量和尺寸等进行计算，且不宜小于表 4.4.2 的规定。

表 4.4.2 家居配线箱规格

占有空间尺寸 （高 × 宽 × 深）（mm）	要　　求
350（H）× 450（W）× 150（D）	箱体应有光（电）缆出入孔。 箱门应有散热孔并设防尘网，箱门宜用全塑材质，满足无线 Wi-Fi 使用要求。 箱体内提供电话、数据、有线电视等网络综合接线模块

注：如箱内需安装路由器、CATV 分支分配器等设备，尺寸需相应增大。

4.4.3 从户外进入家居配线箱应设置入户暗管。入户暗管应综合其它进入家居配线箱的系统一并考虑，数量不宜少于 2 根。

4.4.4 距家居配线箱水平 0.15 m ~ 0.20 m 处应预留 AC220V 电源插座，插座面板底边与家居配线箱面板底边齐平，插座接线盒与家居配线箱之间应预埋金属导管。

4.4.5 家居配线箱金属外壳及引入箱体的金属导管应可靠接地。

5 光纤到户施工

5.1 施工基本要求

5.1.1 施工前应对设备间和电信间进行检查，其设备安装环境应符合下列要求：

1 位置、面积、高度、承重等应符合设计要求。

2 地面应平整、光洁，门的高度和宽度应符合设计要求。

3 通风、防火及环境等应符合相关要求。

4 防水措施、电源、接地装置应符合设计要求。

5.1.2 施工前应进行光缆和器材检查并记录，并应符合下列要求：

1 施工中使用的主要设备和材料规格型号应符合设计要求。

2 光缆及器材应有产品质量检验合格证，厂方提交的产品检验报告。不符合标准或无出厂检验合格证的设备、光缆和器材不得在工程中使用。

3 通信线缆包装应完整，外护套应无损伤。光缆的光纤传输特性、长度及电缆的电气特性、长度，应符合设计要求。

4 光纤连接器应外观平滑、洁净，并应无油污、毛刺、伤痕及裂纹等缺陷，各零部件组合应严密、平整。

5 进行光缆及器材检验时，现场应有建设方代表或监理、工程施工代表和设备供应商代表同时在场。经过检验的设备、光缆及器材应做好详细记录。

6 设备器材规格、型号需作较大改变时，应征得设计、监理和建设单位的同意并办理设计变更手续。

5.1.3 通信管网施工应符合设计要求，并符合《通信管道工程施工及验收规范》GB 50374 和《综合布线系统工程验收规范》GB 50312 中相关规定。

5.1.4 光缆的敷设路由、方式、空间和布放间距均应符合设计要求及国家和行业现行标准中的相关规定。

5.1.5 光缆敷设根据敷设地段环境条件，在保证光缆不受损伤的原则下，选择人工或机械敷设方式。

5.1.6 住宅区光缆敷设工艺应符合《住宅区和住宅建筑内光纤到户通信设施工程施工及验收规范》GB 50847 中相关规定。

5.1.7 住宅楼内和户内光缆敷设工艺应符合《综合布线系统工程验收规范》GB 50312、《住宅区和住宅建筑内光纤到户通信设施工程施工及验收规范》GB 50847 和《光纤到户（FTTH）工程施工操作规程》YD/T 5228 中相关规定。

5.2 光缆接续和成端

5.2.1 光缆接续和成端方式的选择应符合下列要求：

1 光缆的直通或分支接头应采用熔接方式。

2 用户光缆在光缆交接箱和光缆分纤箱内成端应采用熔接

方式。

    3 入户光缆在家居配线箱成端采用熔接 SC/UPC 尾纤方式，不具备熔接条件时可选用光纤现场连接器冷接。

5.2.2 光缆接续和成端的衰减限值应符合表 5.2.2 的规定。

表 5.2.2   光缆接续和成端的衰减限值

接续衰减 光纤类别	熔接方式				冷接方式		测试波长（nm）
	单纤（dB）		光纤带光纤（dB）		单纤（dB）		
	平均值	最大值	平均值	最大值	平均值	最大值	
G.652	≤0.06	≤0.12	≤0.12	≤0.38	≤0.15	≤0.30	1310/1550

    注：平均值的统计域为中继段内的全部光纤接头损耗。

5.3 入户光缆敷设及设备工艺要求

5.3.1 入户光缆敷设应符合下列规定：

    1 入户光缆应安装在暗管、桥架或线槽内。

    2 在敷设过程中，皮线光缆弯曲半径应大于等于 30 mm；固定后的皮线光缆弯曲半径应大于等于 15 mm。

    3 暗管敷设时，可采用石蜡油、滑石粉等无机润滑材料。皮线光缆宜单独敷设，尽量避免与其它线缆共穿一根暗管。

    4 线槽敷设时应平直，不得产生扭绞、交叉打圈等现象。光缆在线槽的进出部位、转弯处应绑扎固定；垂直线槽内光缆应每隔 1.5 m 固定一次。

5 桥架垂直敷设时，自光缆的上端向下，每隔 1.5 m 绑扎固定。水平敷设时，在光缆的首、尾、转弯处和每隔 5 m ~ 10 m 处应绑扎固定。

6 对无法使用暗管、桥架和线槽的住宅建筑，在保证安全前提下也可采用钉固方式沿墙明敷。但应选择不易受外力碰撞、安全的地方，穿越墙体时应穿保护套管。从分线箱到入户前的楼梯间布设时，应沿墙角布设，在立面墙上固定，避免影响美观。禁止悬空、斜拉等非规范方式布设。

7 敷设入户光缆时，牵引力不应超过光缆最大允许张力80%。瞬间最大牵引力不得超过光缆最大允许张力 100 N，且主要牵引力应加在光缆的加强构件上。光缆敷设完毕后应释放张力保持自然弯曲状态。

8 乡镇建筑中采用墙壁或架空方式敷设户外皮线光缆时，可选用自承式蝶形光缆。敷设时应将蝶形光缆的钢丝适当收紧，并要求固定牢固。

9 敷设过程中，应严格注意皮线光缆光纤的拉伸强度、弯曲半径，避免光纤被缠绕、扭转、损伤和踩踏。

10 常用皮线光缆不能长期浸泡水中，不适宜直接在室外地下管道中敷设。室外管道中布放时，应采用管道型皮线光缆。

11 布放时，应将从光缆分纤箱到家居配线箱的全段光缆从光缆盘上一次性以盘 8 字法倒盘圈后再布放。禁止直接从光缆盘上放出施工，禁止光缆中间接头。

12 垂直楼道线槽、天花板、楼道波纹管内同管穿放多条皮线光缆的情况下，每个过路盒内均需粘贴标签，便于识别。

5.3.2 光交接箱和配线机柜安装工艺应符合下列规定：

1 规格、容量和安装位置应符合设计要求。

2 在搬运及开箱时应避免损坏设备和机柜，并按照装箱单与实物进行逐一核对检查，开箱后应及时清理施工现场。

3 安装完毕后应符合下列要求：

1）应平整端正，紧固件应齐全，安装应牢固。

2）机柜（箱）门锁的启闭应灵活可靠。

3）配线模块等部件应横平竖直。

4）应按抗震设计进行加固。

4 机柜安装应固定在底座上，机柜垂直偏差不应大于 3 mm。

5 光交接箱安装在水泥底座上，箱体与底座应用地脚螺丝连接牢固，缝隙应用水泥抹八字。水泥底座与人（手）孔之间应采用管道连接。

6 机柜和光交接箱应有接地装置，接地电阻应符合设计要求。

5.3.3 光缆分纤箱安装工艺应符合下列规定：

1 应安装在安全可靠、便于维护的公共地点。

2 箱体底部距地坪的高度一般不应小于 1.2 m。

5.4 户内布线安装工艺

5.4.1 户内布线安装工艺应符合《综合布线系统工程验收规范》GB 50312 等国家和行业规范的相关规定。

5.4.2 家居配线箱安装工艺符合下列规定：

1 家居配线箱采用墙壁嵌入安装。

2 箱体下沿距地高度宜为 0.5 m。

3 箱体内的通信设备与配线模块应安装牢固。

5.4.3 家居配线箱到各信息插座的线缆采用放射式布置到位，并应符合下列规定：

1 家居配线箱内线缆应终接，连接端子应标识清晰、准确。

2 家居配线箱内应预留 0.5 m ~ 1.0 m 的线缆盘留空间，线缆应排列整齐、绑扎松紧适度。

5.5 线缆和设备标签

5.5.1 线缆和设备施工完成后均应粘贴标签。

5.5.2 光缆两端应进行统一标签，并符合下列要求：

1 标签应标注出光缆规格型号及两端连接位置。

2 用户光缆在用户接入点配线机柜或光交接箱，以及光缆分纤箱处应分别粘贴标签。

3 皮线光缆在光缆分纤箱和家居配线箱处应分别粘贴标签。

5.5.3 同类型箱体设备应采用同一类标签，并符合下列要求：

1 光缆交接箱应有标注出光缆纤芯成端信息的标签。标签内容见附录 B.1 中示例。

　　2　光缆分纤箱应有标注出光缆纤芯对应的住户位置信息的标签。标签内容见附录 B.2 中示例。

　　3　家居配线箱中皮线光缆成端处应有提示保护眼睛的标签。

6 光纤到户验收

6.1 竣工资料

6.1.1 光纤到户工程完工后，施工单位应及时编制竣工文件，工程验收前将竣工文件提交建设单位，份数一式三份。

6.1.2 竣工文件应至少包含下列内容：

1 工程说明

2 安装工程量

3 材料和设备合格证明

4 器材和设备明细表

5 施工过程与变更记录

6 隐蔽工程记录

7 质量控制资料

8 随工检查记录

9 竣工图纸及工程决算

10 测试记录

6.1.3 竣工文件应符合下列要求：

1 内容应齐全，竣工图纸应与实际竣工状况相符。

2 记录数据应完整真实准确。

6.1.4 监理文件中应包括光纤到户相关内容。

6.2 工程验收

6.2.1 光纤到户工程施工结束，施工单位提交完工报告和竣工文件后，应由建设单位组织设计、施工、监理单位对工程进行竣工验收，共同形成验收报告。

6.2.2 光纤到户工程应对部分验收项目进行重点检查，并应符合本规程附录 B 表 B.3 的规定。

6.2.3 光缆及器材子项检查应符合下列规定：

1 工程所用光缆及器件的规格、程式、型号和相关指标均应符合设计要求。

2 光缆检验应符合下列规定：

1） 光缆和接插件性能指标应符合国家现行标准《通信用单模光缆 第 3 部分：波长段扩展的非色散位移单模光纤特性》GB/T 9771.3、《大楼通信综合布线系统 第 2 部分：综合布线用电缆、光缆技术要求》YD/T 926.2 和《大楼通信综合布线系统 第 3 部分：综合布线用连接硬件技术要求》YD/T 926.3 的有关规定。

2） 光缆外护套应完整无损、光缆纤芯应无断纤等现象。

3 箱体检验应符合下列规定：

1） 箱体应做外观检查。

2） 箱体材料应与护套的材料性能相符合。

3） 应与通常用于外部线路的防腐和防其它化学损害的材料性能相符合。

6.2.4 器材安装子项检查应符合下列要求：

1 配线机柜、光缆交接箱和光缆分纤箱安装应符合下列要求：

1）箱体的型号、安装位置、安装方式应符合设计要求。

2）箱体的安装应端正、牢靠。

3）箱门的开启与闭合灵活。

4）防雷接地应符合设计要求。

5）标签应符合建设方要求，标签应统一、清楚、明确，位置适当。标签选用不宜损坏材料。

2 家居配线箱安装应符合下列要求：

1）箱体型号、安装位置应符合设计要求。安装位置不应受水、汽及高温影响。

2）箱体的安装应端正、牢固。

3）箱内各部件不扭曲，紧固件连接牢固。

4）应满足便于进线（入户各类线缆）及出线（户内各类线缆）的要求。

6.2.5 光缆敷设子项检查应符合下列规定：

1 光缆施工应符合设计要求。

2 室外光缆部分应符合《通信线路工程验收规范》YD 5121相关条款的规定。

3 室内光缆布线部分应符合《综合布线系统工程验收规范》GB 50312 相关条款的规定。

4 布放应顺直，无明显扭绞和交叉，不应受到外力的挤压和操作损伤。

5 光缆两端均应有标明规格型号及光缆走向的吊牌。

6 管孔、转弯以及熔接、成端等处的预留长度符合设计要求。

7 入户光缆在进线、转弯、预留、成端和接头处，以及过线箱（盒）、缆线维修口应有统一标识。标签书写应清晰、端正和正确。

6.2.6 光缆和光纤的接续与成端子项检查应符合下列规定：

1 接续和成端方式应符合设计要求。

2 光缆接续应包括光纤接续和接头衰减的测量。光缆接头安装位置应符合设计要求。

3 光纤接续和成端衰减应符合设计的要求，衰减值不应大于表 5.2.2 中损耗值。

4 光缆在各箱体内接续和成端应符合下列要求：

1）光纤成端的制作方式、光纤活动连接器的型号应符合设计要求。

2）成端光纤与尾纤接续的方式应符合设计要求，尾纤余留长度应适中。

3）未使用的活动连接器或尾纤插头应盖上防尘帽。

4）光缆分纤箱内光纤纤序分配应符合设计要求。

5）光缆成端处标签应注明光缆两端连接的位置

5 光缆金属构件的连接应符合下列规定：

1）箱内应使用截面不小于 6 mm^2 的多股铜芯线将光缆金属构件与电气保护接地装置可靠连接。

2）光缆的金属构件应与箱体电气断开。

3）室外光缆与室内光缆的金属构件不得电气连通。

6.2.7 工程测试应符合下列规定：

1 光纤线路衰减测试采用光源、光功率计进行测量，测试结果应进行记录。

2 测试记录应作为竣工文档资料的一部分。部分记录表格式可参考本规程附录 B.4 和附录 B.5。

    3   驻地网光链路段落应全部检测，衰减指标应符合设计要求。

6.2.8 工程终验时，住宅建筑应具备与公用通信网的接入条件。

6.2.9 工程终验能接入公网时，应进行公用通信网的业务在线开通抽样测试，开通抽样测试记录作为维护资料移交。

6.3　验收交付

6.3.1 工程安装质量和光纤链路应按不少于 10%比例抽查，符合设计要求时，被检查项的检查结果为合格。

6.3.2 住宅建筑光纤到户通信设施工程检验项目全部合格时，工程质量应判为合格。

附录 A FTTH 光链路段落传输性能指标

A.1 光链路段落衰减计算

A.1.1 据光纤链路的实际配置、结合设计中选定的各种无源器件技术性能指标，计算工程实施后预期应满足的指标。

驻地网光链路段落衰减的计算公式如下：

$$驻地网光链路段落衰减 = L \cdot A_f + X \cdot A_熔 + Y \cdot A_冷 + N \cdot A_c$$

$$(A.1.1)$$

式中 L——光缆交接箱或配线机柜成端到家居配线箱成端间光纤链路总长度（单位：km）；

A_f ——光纤（不含接头）衰减系数（单位：dB/km）；

X ——光纤链路段落中光纤熔接（含光缆接续、成端尾纤熔接）接头数（单位：个）；

$A_熔$——光纤接续（熔接方式）平均衰耗指标（单位：dB/个）；

Y ——光纤链路段落中光纤冷接接头数（含现场组装机械式连接器固定接头，单位：个）；

$A_冷$——光纤接续（冷接方式）平均衰耗指标（单位：dB/个）；

N ——光纤链路段落中活动接头数量（单位：个）；

A_c——活动连接器的损耗指标（单位：dB/个）。

A.1.2 计算时光链路段落中技术性能指标应符合下列规定。

1 G.652 光缆的光纤衰减不应大于下列指标：

1） 1270/1310 nm 波长时取 0.36 dB/km。

2）1490 nm 波长时取 0.23 dB/km。

3）1550/1577 nm 波长时取 0.22 dB/km。

2 光纤熔接接头平均衰耗指标不应大于下列指标：

　　1）分立式光缆接头：0.06 dB/接头。

　　2）带状光缆接头：0.12 dB/接头。

3 冷接接头平均衰耗指标不应大于：0.15 dB/接头。

4 光活动连接器插入衰减不应大于：0.50 dB/个。

A.2　无源光网络（PON）系统最大通道插入损耗

驻地网光链路与公用通信网光链路共同组成 PON 系统的 ODN 网络，其最大衰减值与线路维护余量之和应小于 PON 系统的最大通道插入损耗，才能满足公用通信网提供方的 PON 系统业务开通需要。

PON 系统常见指标如表 A.2.1 和表 A.2.2。

表 A.2.1　PON 系统最大通道插入损耗参考值（dB）

PON 技术	工作中心波长	光模块类型/ODN 等级	最大通道插入损耗（dB）
EPON	下行：1490 nm 上行：1310 nm	1000BASE-PX10	20
		1000BASE-PX20	24
		1000BASE-PX20+	28
GPON	下行：1490 nm 上行：1310 nm	Class B	25
		Class B+	28
		Class C	30
		Class C+	32

PON 技术	工作中心波长	光模块类型/ODN 等级	最大通道插入损耗（dB）
10G-EPON（非对称模式）	下行：1577 nm 上行：1310 nm	PRX10	20
		PRX20	24
		PRX30	29
10G-EPON（对称模式）	下行：1577 nm 上行：1270 nm	PRX10	20
		PRX20	24
		PRX30	29

表 A.2.2 光链路线路维护余量取值

光链路传输距离（km）	线路维护余量取值（dB）
$L \leqslant 5$	$\geqslant 1$
$5 < L \leqslant 10$	$\geqslant 2$
> 10	$\geqslant 3$

附录 B FTTH 光缆信息及工程验收部分附表

B.1 光缆交接箱光缆信息表

表 B.1 光缆交接箱光缆信息表

光缆交接箱编号	GJ001-1			地址		XX市XX区XX路XX小区内		接入光缆信息		PXG01:1-12	
主干区	熔纤盘	主干盘01					GJ001.PXG01:1-12				
	成端	1	2	3	4	5	6	7	8	9	10	11	12
	主干芯序	01	02	03	04	05	06	07	08	09	10	11	12
	熔纤盘	主干盘02					GJ00*.PXG0*:*-*				
	成端	1	2	3	4	5	6	7	8	9	10	11	12
	主干芯序	**	**	**	**							
配线区	熔纤盘	配线盘01					YHG01:1-12				
	成端	1	2	3	4	5	6	7	8	9	10	11	12
	配线芯序	01	02	03	04	05	06	07	08	09	10	11	12
	熔纤盘	配线盘02					YHG02:1-12				
	成端	13	14	15	16	17	18	19	20	21	22	23	24
	配线芯序	01	02	03	04	05	06	**	**	**	**	**	**
	熔纤盘	配线盘**					YHG**:*-*				
	成端	**	**	**	**	**	**	**	**	**	**	287	288
	配线芯序	**	**	**	**							

注: 1 PXG01:1-24 是指配线光缆 01 的 1-24 芯。
   2 YHG01:1-12 是指用户光缆 01 的 1-12 芯。

B.2 光缆分纤箱光缆信息表

表 B.2 光缆分纤箱光缆信息表

用户光缆信息：		YHG01:1-24		地址：		XX市XX区XX路XX小区X栋 X单元X楼弱电井	
芯序	住户门牌号	芯序	住户门牌号	芯序	住户门牌号	芯序	住户门牌号
1	101	13	401	***	***		
2	102	14	402	***	***		
3	103	15	403	***	***		
4	104	16	404	***	***		
5	201	17	501				
6	202	18	502				
7	203	19	503				
8	204	20	504				
9	301	21	601				
10	302	22	602				
11	303	23	603				
12	304	24	604				

注：YHG01:1-24 是指用户光缆 01 的 1-24 芯。

B.3 竣工验收部分项目及内容表

表 B.3 竣工验收部分项目及内容表

检验项目	验收子项	检验内容	检验方式
安装工艺	光缆交接箱、配线机柜	安装位置与安装加固	抽验比例不少于10%
	光缆分纤箱	型号、安装位置安装加固	
	家居配线箱	型号、安装位置及安装加固	
	光缆敷设	路由复测、光缆布放	
		与其它设施间距*	
		接头盒位置*	
		防水、防火等防护措施	
	光缆成端与接续	光纤接续与余纤盘放处理	
接地电阻		接地位置	抽验比例不少于15%
		接地电阻测量	
主要传输特性		驻地网光链路段落衰耗（dB）	抽验比例不少于10%

注：1　*为隐蔽工程。
　　2　安装工艺项目同时应是随工检验中项目。

B.4 光纤接头损耗测试记录表

表 B.4 光纤接头损耗测试记录表

熔接机： OTDR： 波长： 折射率： 温度：

接头编号		( ) 号			接头位置				
测试点 *A* 位置					测试点 *B* 位置				
纤长（*A—B*）		km			纤长（*B—A*）		km		
纤号		损耗（dB）			纤号		损耗（dB）		
A 向	*B* 向	*A—B*	*B—A*	平均	*A* 向	*B* 向	*A—B*	*B—A*	平均

接续人： 测试人： 随工代表或监理： 日期：

B.5 驻地网光链路衰减测试记录表

表 B.5 驻地网光链路衰减测试记录表

OTDR：　　　　　　　　　　折射率：　　　　　　　　　　温度：

段落起点 A		（例：交接箱）	段落起点 B		（例：住户家居配线箱）	段长 (km)	
1310 nm 衰减指标（dB/km）：				1490 nm 衰减指标（dB/km）：			
光纤序号		测试方向	1310 nm		1490 nm		光纤序号		测试方向	1310 nm		1490 nm	

光纤序号		测试方向	1310 nm		1490 nm		光纤序号		测试方向	1310 nm		1490 nm	
A 向	B 向		dB	dB/km	dB	dB/km	A 向	B 向		dB	dB/km	dB	dB/km
1		A—B							A—B				
		B—A							B—A				
2		A—B							A—B				
		B—A							B—A				
3		A—B							A—B				
		B—A							B—A				
4		A—B							A—B				
		B—A							B—A				
5		A—B							A—B				
		B—A							B—A				
6		A—B							A—B				
		B—A							B—A				
7		A—B							A—B				
		B—A							B—A				
8		A—B							A—B				
		B—A							B—A				
9		A—B							A—B				
		B—A							B—A				
10		A—B							A—B				
		B—A							B—A				
11		A—B							A—B				
		B—A							B—A				
12		A—B							A—B				
		B—A							B—A				

测试人：　　　　　　　随工代表或监理：　　　　　　　日期：

本规程用词说明

1   为便于在执行本规程条文时区别对待，对要求严格程度不同的用词说明如下：

　　1）表示很严格，非这样做不可的：

　　　　正面词采用"必须"，反面词采用"严禁"；

　　2）表示严格，在正常情况下均应这样做的：

　　　　正面词采用"应"，反面词采用"不应"或"不得"；

　　3）表示允许稍有选择，在条件许可时首先应这样做的：

　　　　正面词采用"宜"，反面词采用"不宜"；

　　4）表示有选择，在一定条件下可以这样做的，采用"可"。

2   条文中指明应按其它有关标准执行的写法为："应符合……规定"或"应按……执行"。

引用标准名录

1　《综合布线系统工程设计规范》GB 50311

2　《综合布线系统工程验收规范》GB 50312

3　《智能建筑设计标准》GB 50314

4　《通信管道与通道工程设计规范》GB 50373

5　《通信管道工程施工及验收规范》GB 50374

6　《住宅区和住宅建筑内光纤到户通信设施工程设计规范》
GB 50846

7　《住宅区和住宅建筑内光纤到户通信设施工程施工及验
收规范》GB 50847

8　《住宅区和住宅建筑内通信设施工程设计规范》GB/T 50605

9　《通信用单模光缆 第3部分：波长段扩展的非色散位移
单模光纤特性》GB/T 9771.3

10　《住宅建筑电气设计规范》JGJ 242

11　《通信线路工程设计规范》YD 5102

12　《通信线路工程验收规范》YD 5121

13　《通信线路工程施工监理规范》YD 5123

14　《层绞式通信用室外光缆》YD/T 901

15　《大楼通信综合布线系统》YD/T 926

16　《通信光缆交接箱》YD/T 988

17　《住宅通信综合布线系统》YD/T 1384

18　《光纤到户（FTTH）体系结构和总体要求》YD/T 1636

19　《接入网用蝶形引入光缆》YD/T 1997

20　《光纤到户（FTTH）工程施工操作规程》YD/T 5228

21　《光纤到户（FTTH）工程施工监理规范》YD/T 5229

四川省工程建设地方标准

四川省住宅建筑光纤到户通信设施
工程技术规程

Technical specification for communication engineering for fiber
to the home in residential buildings in Sichuan Province

DBJ 51/004－2017

条 文 说 明

修订说明

本规程是在《四川省住宅建筑通信配套光纤到户工程技术规范》（DBJ 51/004—2012）的基础上进行修订。修订编制组通过广泛和深入的调查研究，收集《四川省住宅建筑通信配套光纤到户工程技术规范》（DBJ 51/004—2012）执行过程中的反馈意见，参考《住宅区和住宅建筑内光纤到户通信设施工程设计规范》（GB 50846—2012）、《住宅区和住宅建筑内光纤到户通信设施工程施工及验收规范》（GB 50847—2012），并总结近年来四川省住宅建筑光纤到户通信设施建设的实践经验，完成本次修订工作。

为便于广大设计、施工、科研、学校等单位有关人员在使用本标准时能正确理解和执行条文规定，编制组按章、节、条顺序编制了本规程的条文说明，对条文规定的目的、依据以及执行中需注意的有关事项进行了说明。但是，本条文说明不具备与规程正文同等的法律效力，仅供使用者作为理解和把握标准规定。

目　次

1 总 则

1.0.2 本规程适用范围是四川省新建住宅建筑光纤到户通信设施工程。新建住宅建筑包括住宅小区及商住楼。

1.0.3 本条为强制性条文，是根据《中华人民共和国电信条例》和《中华人民共和国城市规划法》规定中要求提出，即"住宅小区及商住楼应同步建设建筑规划用地红线内的通信管道和楼内通信暗管、暗线，建设并预留用于安装通信线路配线设备的集中配线设备间，所需投资一并纳入相应住宅小区或商住楼的建设项目概算，并作为项目配套设施统一移交"。

同时，由于现在住宅建筑正在综合化和大型化，光纤到户作为建筑的综合配套设施纳入建筑的统一规划变得十分必要。纳入统一规划，能使住宅建筑合理地统一设置地下管道、电信间、设备间和其他通信设施，从而在建筑配套设施日益复杂化的发展趋势下减少建设中的不必要调整和浪费。

1.0.4 本条为强制性条文，是根据原信息产业部和原建设部联合发布的《关于进一步规范住宅小区及商住楼通信管线及通信设施建设的通知》（信部联规〔2007〕24号）的要求而提出，"房地产开发企业、项目管理者不得就接入和使用住宅小区和商住楼内的通信管线等通信设施与电信运营企业签订垄断性协议，不得以任何方式限制其他电信运营企业的接入和使用，不得限制用户自由选择电信业务的权利"。另外，在《住宅区和住宅建筑内光纤到户通信设施工程设计规范》（GB 50846—

2012）中把设计作为强条，考虑到建设实施落实更加重要，可以满足居民需求并避免多家重复建设造成浪费，列此条文。

1.0.6 本规程对光纤到户（FTTH）工程进行规范，本规程未提及的其它内容参考相关国家和行业标准的规定。如本标准与新颁布的国家、行业标准不一致或未涵盖内容，以新颁布的国家、行业标准相关内容为准。

3 一般规定

3.0.1 本条为强制性条文，是在国家宽带战略上，结合国家加快建设网络强国与信息网络基础设施建设要求，并根据《"十三五"国家信息化规划》中"加快高速宽带网络建设，打通入户'最后一公里'，进一步推进提速降费"等内容，在多方面调查四川省内目前住宅建筑以及光纤到户技术的发展情况后提出的要求。当前，光纤到户已成为主流宽带接入方式，并得到规模部署和建设。光纤到户具有技术先进性和优越性，能满足高速率大带宽的信息需求；同时能有效实现住宅建筑内共建共享，减少重复建设；而且能明显节约有色金属资源，减少资源开采和提炼中能源消耗；且其价格低廉和便于推广。原四川省光纤到户工程地方标准执行该强制性条文后，极大地推动了全省的信息化水平，并促进四川光纤到户的普及在全国达到领先水平；同时也带动全省信息化产业发展，也为促进居民信息化生活发挥了积极作用。本次规程修订，充分考虑网络基础设施建设是夯实网络强国的基础，同时也为了避免采用落后技术导致重复建设造成社会资源浪费，仍将本条列入强制条文。

综合考虑全省地域条件和社会经济的差异性，本规程兼顾先进性、普及性和实施性，在条文中未将县级城镇以下的住宅建筑列入强制范围。未列入强制范围的住宅建筑，在采用光纤到户建设方式时，也应按照本规程执行。

3.0.2 本条根据《"十三五"国家信息化规划》中"实施宽带乡村和中西部地区中小城市基础网络完善工程"等内容，结合目前四川省内除甘孜州和凉山州的少量偏远乡镇外，已实现公用通信网光纤传输的乡镇级覆盖，具备推广到乡镇住宅建筑光纤到户通信设施的条件而提出。同时，考虑现在全国和全省正进行新农村与新集镇建设，为避免重复建设造成社会资源浪费，缩小城乡数字鸿沟，提出本条要求。

3.0.4 住宅区和楼内的范围如下：

1 住宅区，即指住宅小区内或住宅建筑群间，一般包括公共或共用区域。本规程中指建筑红线到单体建筑间的空间，在其范围内建设的管网和线网一般为各单体建筑或单体建筑各单元共同使用。

2 楼内，是指单体建筑物的楼栋内，或者单体建筑的独立单元内。

3.0.6 根据《中华人民共和国电信条例》规定，根据《住宅区和住宅建筑内通信设施工程设计规范》GB/T 50605 第 3.0.2 条，"通信设施的建设应根据通信业务接入点的设置地点确定工程建设的分工界面"，对工程建设内容和分工界面进行划分。户内布线由住宅建方负责建设，并符合建筑综合布线相关规定。

3.0.8 用户接入点涉及住宅建设方和多家公用通信网提供方，其共建共享时对应的配线机柜及箱体示例参见下图。

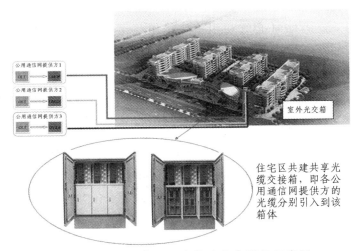

图 3.0.8-1 用户接入点共建共享箱体示意图

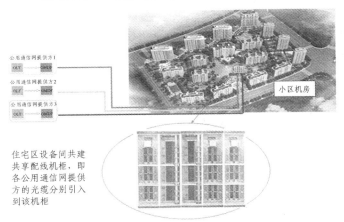

图 3.0.8-2 设备间（电信间）共建共享配线机柜示意图

3.0.8 第 5 款 乡镇建设分散住宅，根据分散情况不同，用户接入点可以采用光交接箱或内置光分路器的分光缆分纤箱作为用户接入点。

3.0.9 户内信息插座和用户线缆由住宅建设方根据需求按相关规定进行建设。

   1 户内对绞电缆、连接器件、信息插座的选择应符合现行国家标准《综合布线系统工程设计规范》GB 50311 有关规定。

   2 户内管线及各类通信业务信息插座等布线系统的设计应符合现行行业标准《住宅建筑电气设计规范》JGJ 242 及《住宅通信综合布线系统》YD/T 1384 的有关规定。

4 光纤到户设计

4.2 住宅区通信设施设计

4.2.2 设备间及电信间设置符合下列要求：

1 每一个住宅区应设置一个设备间。

2 每一个高层住宅楼宜设置一个电信间。

3 多栋低层、多层、中高层住宅楼宜每一个配线区设置一个电信间。

4 用户规模较小或分散建造的城镇住宅建筑和乡镇住宅建筑宜设置室外光交接箱。

4.3 住宅楼内通信设施设计

4.3.1 住宅楼内应根据建筑物特点和建筑配套需要设置弱电竖井、导管、桥架或线槽等配线管网，以满足入户光缆敷设需要。

4.3.8 根据信息化发展情况，具体要求如下：

1 县级及以上城镇住宅建筑每户使用 1 根单芯入户光缆，维护及业务发展备用 1 根单芯入户光缆。

2 乡镇统一新建的住宅建筑每户应设置不少于 1 根单芯入户光缆。

3 以上芯数为对应住宅建筑最低要求。

4 根据用户需要可增加入户光缆根数或芯数，并相应增加用户光缆芯数与相关箱体容量。

5 设置 2 根单芯入户光缆时，对应的配置已满足第 4.1.3 条中维护余量的要求，不需再另行考虑余量；设置 1 根单芯入户光缆时，对应的配置应按第 4.1.3 条的要求考虑不少于 10% 的维护余量。

6 多层住宅、高层住宅和别墅在设置 2 根单芯入户光缆时，对应的布线示例如下所示。

1）多层住宅布线方案示例

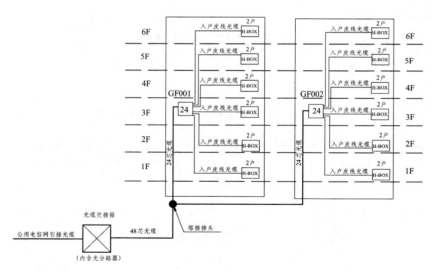

图 4.3.8-1 多层住宅布线方案示例图

如上图所示，新建小区共 2 个单元，每单元 6 层 1 梯 2 户，共计 24 户。方案如下：公用通信网提供方：负责通信光缆引入住宅区，在住宅区内的用户接入点新建光缆交接箱（宜采用优化跳接次数的免跳接光缆交接箱），箱内配置光分路器。引接光缆建议配置 12 芯室外光缆。

建设方：负责在住宅区从光缆交接箱布放用户光缆（建筑内宜采用非金属光缆）进入单元，在每个单元楼道内安装一台 24 芯光缆分纤箱，用户光缆配置 24 芯，采用住宅区人孔内接头，光缆直达方式布放；从光缆分纤箱布放入户光缆（G.657 室内入户皮线光缆）到达用户家居配线箱；入户光缆按住宅建筑信息化需求配置，且不低于规范中使用+备用（上图为每户 2 根入户光缆）的基本配置要求。入户光缆的使用芯数和用户光缆在光缆分纤箱内采用热熔法一次性完成熔接；入户光缆在住户家居配线箱内（H-BOX）预留并成端。

2）高层住宅布线方案示例

如下图所示，新建小区共 2 个单元，每单元 30 层 2 梯 8 户，共计 480 户。方案如下：

公用通信网提供方：负责通信光缆引入住宅区，住宅区内的用户接入点新建光缆交接箱（宜采用优化跳接次数的跳接光缆交接箱），箱内配置光分路器。引接光缆建议配置 12 芯室外光缆。

建设方：负责在住宅区从光缆交接箱布放接入光缆进入单元，在单元弱电竖井内按照每个光缆分纤箱覆盖 3 层 24 户的原则，在楼层安装 48 芯光缆分纤箱，敷设 48 芯光缆。用户光缆采用竖井内接头，光缆直达方式布放。从光缆分纤箱布放室内入户皮线光缆（G.657）作为入户光缆到达用户家居配线箱；入户光缆芯数按住宅建筑信息化需求配置，且不低于规范中使用+备用的基本配置要求（下图为每户 2 根入户光缆）。入户光缆的使用芯数和用户光缆在光缆分纤箱内采用热熔法一次性完成熔接；入户光缆在住户家居配线箱内（H-BOX）预留并成端。

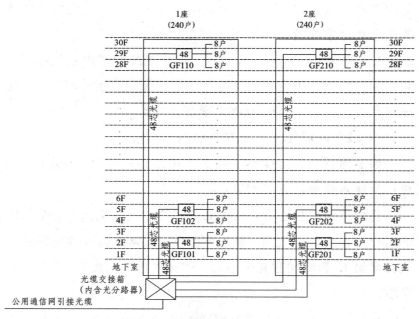

图 4.3.8-2　高层住宅布线方案示例图

3）别墅布线方案示例

如下图所示，该新建小区共 24 栋别墅，每栋为 1 户，共计 24 户。方案如下：

公用通信网提供方：负责通信光缆引入住宅区，在住宅区内的用户接入点新建光缆交接箱（宜采用优化跳接次数的光缆交接箱），箱内配置光分路器。引接光缆建议配置 12 芯室外光缆。

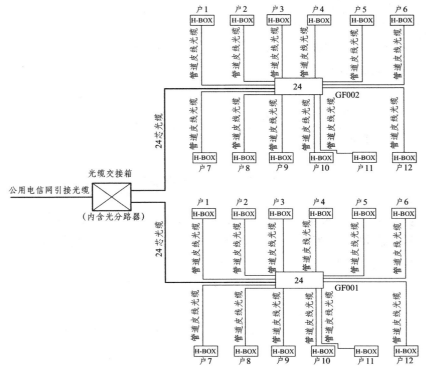

图 4.3.8-3　别墅布线方案示例图

建设方：负责在住宅区设置壁挂式室外 24 芯光缆分纤箱，如图中，选择靠近管道汇集点的位置，安装壁挂式室外 24 芯光缆分纤箱，敷设 24 芯光缆，然后从光缆分纤箱布放管道皮线光缆（G.657）作为入户光缆入户。入户光缆芯数按住宅建筑信息化需求配置，且不低于规范中使用+备用的基本配置要求（上图为每户 2 根入户光缆）。入户光缆和用户光缆在光缆分纤箱内采用热熔法一次性完成熔接，在家居配线箱内（H-BOX）预留并成端。

说明：

1. 其中示例以每户 2 根单芯入户皮线光缆进行配置，可根据需求调整芯数配置。

2. 跳接光缆交接箱应根据住宅区用户接入点的位置和环境，选用室内型或室外型光缆交接箱。

3. 新建别墅中，可采用光缆接头盒替代光缆分纤箱方式。

4.4 户内通信设施设计

4.4.3 入户暗管为一次性建设的隐蔽工程，入户暗管数量应考虑满足未来家居智能化发展需要，并综合其它系统接入的需要后统一考虑。

5 光纤到户施工

5.1 施工基本要求

5.1.3 住宅建筑通信管网的建设施工需考虑弱电系统的整体需要。光纤到户是弱电系统中的一项主要需求，本规程中对管网不作施工特别要求，其施工应符合设计要求和国家及行业标准的规定。

5.1.4 设计要求应符合国家和行业标准。具备条件时，光缆不应布放在电梯、供水、供气等竖井中，且不宜与强电共井布放。如果不具备条件，敷设应按照设计要求采取防护措施。

5.3 入户光缆敷设及设备工艺要求

5.3.1 本部分未提及的室内光缆线路布线部分应符合《综合布线系统工程验收规范》GB 50312 相关条款的规定。

5.4 户内布线安装工艺

5.4.1 户内布线工艺与综合布线相关国标要求一致，本条主要是对光纤到户工程中涉及的家居配线箱及信息插座做了安装要求。

6 光纤到户验收

6.1 竣工资料

6.1.2 列出了光纤到户竣工文件应重点关注的条目内容，其它内容参照住宅建筑主体工程对竣工文件的要求进行。其中第11项测试记录，必须包括附录 B.4 和附录 B.5 的测试记录。

6.2 工程验收

6.2.7 光纤线路衰减指标是保障光纤到户工程质量，并影响日后通信业务开通的重要因素，应做好测试和记录。其中，驻地网光链路段落的衰减指标应全部检测和记录。

6.2.9 四川省内公用通信网已具备在线开通测试能力和现场测试工具等工程条件。竣工时进行公用通信网业务开通的抽样挂测，能确保工程竣工具备开通能力，减少新建光纤到户工程因驻地网光链路问题导致用户无法使用，从而并导致资源浪费的情况发生。开通挂测的记录作为维护资料移交。